科学惊奇大探险
SCIENCE WONDER QUEST

机器人总动员

[日]高桥智隆/主编　　[日]森山和道/编　　[日]坂元辉弥/绘　　林渊/译

全国优秀出版社
浙江少年儿童出版社
·杭州·

人物介绍

◀ 可罗纳

接受父亲的命令从外星来到地球。只要带上神奇的道具——"穿越书"和工具箱，就能去任何想去的地方，包括回到过去。拥有地球人所不具备的不可思议的能量。为了寻找晨子老师丢失的东西，用"穿越书"将大家带入了机器人公园。

小 陆 ▶

不是学校的风云人物，成绩也普普通通。

既怕麻烦又很懒散，但是……他可是主角！

优点是对感兴趣的事物很有热情，拥有执着的探索精神，喜欢问"为什么"。

◄ 琪拉拉

最喜欢毛茸茸、漂亮、可爱的东西。

虽然个性大方、稳重又温和，但好胜心很强。

缺点是嘴快、话多，常常说一些不该说的话。

苍太郎 ►

超级科学社团的组织者。

精通与机械、计算机相关的知识。

不擅长和女孩子相处。

◄ 银 河

热爱运动和各种奇怪的玩具，很好斗。

胆子很大，因此在探险中相当活跃。

美中不足的是没有耐心。

晨子老师 ►

超级科学社团的指导老师。

有时会突然讲出让人惊讶不已的无聊笑话。

目录

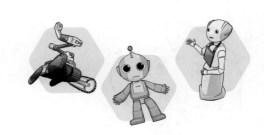

嗷呜

冲啊！哇呀呀呀呀呀！

城市的和平由我来守护……

听着，你就是个普通学生，还想守护城市的和平？马上就要期中考试了，你能守护自己顺利通过考试吗，小陆同学？

我错了，老师！我在认真听讲呢！

原来是梦啊……

哈哈哈

探索笔记　如果真的存在巨型机器人，应该如何操纵它，在机器人设计制造中仍是一个值得探究的课题。

: 第 **1** 章

机器人构建的智能家居

雨后的空气真清新啊!

放学时突然下起雨来,多亏可罗纳带了伞!

你的智能型机器能变出伞来呀?

你那本能到处冒险的书,能不能借我看看?

收起

不行!我的"穿越书"用起来可是很讲究的,稍有不慎就会酿成大祸!

可罗纳,你能这样把伞立起来吗?

哎呀!

啊,要倒了!

探索笔记

物体内各个点所受的重力产生合力的作用点叫作重心。雨伞的重心位于伞柄上，当重心与手心的连线垂直于地面时，伞就可以立住不倒了。

好神奇啊！它只有两个轮子，为什么不仅不会倒，还能往前走呢？

这个简单！

看，我只要按住这个扶手——

传感器感应到我的体重，车轮就会相应地向前移动啦！

前后左右！自由自在！

前进

啊！

和刚刚立伞游戏的原理是一样的！

可恶！我怎么就掌握不了其中的诀窍呢？

你说得对，原理其实是一样的。

电动平衡车的原理

重力

静止状态　重心前移，产生倾倒的趋势　车轮移动，保持平衡，避免倾倒　持续前进

像这样！

车轮会根据身体重心的变化不断移动，车子就能前进了。

正如可罗纳所说的，电动平衡车和立伞游戏的原理是一样的。

人前倾的时候，车轮会跟着向前移动，这样就不会倒啦！

太帅了！苍太郎，这个是不是谁都能骑啊？

是呀！

只需要 10 分钟就能上手！

骨碌 骨碌 骨碌

哇，像花样滑冰选手一样灵活！

那你让我骑骑呗!

上前

闪躲

扬长而去

什么人啊!

溜得倒是挺快的!

不行,你肯定会把它弄坏的!

喂!你给我站住!

快追上他!我也想骑骑看!

我也要!

喂!你们等等我啊!

踏踏踏踏踏

哔

哔

哔

嗖

啪

啊！

哇啊啊！

救命啊！

这是怎么回事？

你们随随便便闯了进来，警卫机器人就把你们抓起来了呗。

起来，起来……

咦，这是苍太郎家吗？

真豪华……不愧是大户人家！

摆动

苍太郎，欢迎回家！

哔 哔

灰头 土脸

警卫机器人具有人脸识别功能，能区分出哪些是家人，哪些是入侵者。

如果是不认识的人呢？

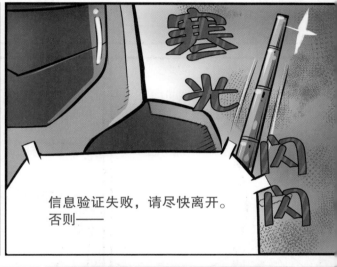

寒光闪闪

信息验证失败，请尽快离开。否则——

哇，生气啦！

别怕，它不会伤人的。

真的吗？那——

咣当

我能伤它吗？

吭当

好疼!

机器人嘛,当然不会生气啦。它的重心比较低,你这样是根本踢不倒它的。

以前我家只有监控摄像头,

现在有了警卫机器人,更是安全无死角啦!

因为它配备了红外摄像头,所以,无论多黑的环境,它都能看清楚。

还有热红外传感器,厉害吧?

更妙的是,只要连接网络,无论我身在何处,都能收到警报!

发现
入侵者
警告

光是人脸识别功能就令人赞叹不已呀!

啊!

说到人脸识别，为什么只有我和可罗纳被抓起来了？！

就是说啊！小陆和琪拉拉怎么没事？

因为他俩的面部信息已经被采集过了。

小陆经常来我家玩——

那琪拉拉呢？

琪拉拉……这……这个……

苍太郎不会……嘿嘿！

说什么呢！别胡说！

先……先不说这个了，我家里还有别的机器人！

机会难得，大家一起来看看，怎么样？

 探索笔记 人脸识别系统首先会识别出粗略的脸部轮廓，然后再将五官等细节和已经存储的信息进行对照。

17

扫地机器人
可以在室内巡回。
电池耗尽前自动寻
找充电器充电。

搬运机器人
将盆栽固定好，可
以在有阳光的范围
内自由移动。

聊天机器人
可以和家人交流，对
话内容因人而异。

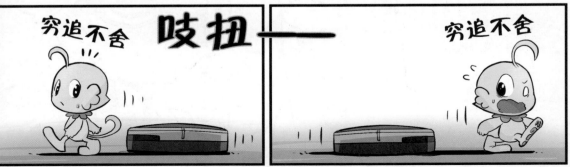

  扫地机器人配备的红外线传感器发出的光，用具有夜摄功能的相机可以拍到。

好疼啊！

小心！

收拾垃圾的话，有专门的机器人。

弹

快看快看，要是扔个纸团呢？

快别犯傻啦！

吱扭

您回来啦！

快跟我说说话吧。

嗯？

这又是什么？

这是我家的聊天机器人——小帕皮。平时无聊了可以跟它聊聊天，它也能在聚会的时候活跃活跃气氛。

锵锵！请听脑筋急转弯！

狸猫为何换太子？打一成语*。

这······

为什么呢？

啊

*答案是"后生可畏"。这里引用了民间故事《狸猫换太子》的情节：北宋年间，宋真宗许诺后宫，谁先生出皇子，便立谁为正宫。当时刘妃和李妃都已怀孕，但刘妃为确保自己的地位，趁先分娩的李妃昏迷之时，用一狸猫换走了刚出世的男孩。之后刘妃临产，生出皇子，被立为太子，自己也被册立为皇后。

失望

看见了吗？

小帕皮能从人的声音中分析出情绪，并做出相应的回答。

真开心！

怎么啦？

猜不出来吗？真遗憾。

你们快夸夸小帕皮，让它开心起来。

了不起！

好棒哦！

哟！

最爱你！

谢谢你们鼓励我！

那我再问你们一个问题吧！

世界上最聪明的机器人是谁？

自信

别得意忘形啦！

 探索笔记　目前，机器人还无法做到在播放语音的同时进行语音识别。想要与机器人顺利地沟通，最好等它"说"完以后再开始说话。

25

苍太郎，球赛要开始了！

这个是？

它是助理机器人，能帮你读电子邮件，告诉你接下来的行程。

咦，遥控器放哪儿了？球赛快开始了。

那就让小帕皮把电视机打开吧。

我告诉你怎么操作。

能够按照预设完成各种任务也是小帕皮的一大技能！

那程序设置起来一定很复杂吧？

· 聊天
· 跳舞
· 播报新闻和天气
· 留言

真的吗？

不复杂的。先启动程序，让小帕皮与电脑连接。

我找到遥控器啦。

球进啦

呜呜……都是我不好……

呃……我家还有别的机器人呢！

你们看，那个盆栽下面就是一个机器人。它可以根据光线的变化来调整自己的位置。

把这里的灯打开的话，它就过来了！

你家里居然有这么多机器人呀!

现在都是智能家居时代了嘛。

真好!

方便又酷炫……

小陆,你家里没有机器人吧?

窃笑

你!

有……有啊。

我家里也有非常帅气的机器人!

真的吗?

怎么可能?

机器人进入人类的生活

不久之前，机器人这一形象只存在于科幻电影或动漫作品中。而如今，各式各样的机器人已经成为日常生活中不可或缺的一部分，为我们的生活增添了许多便利。

扫地机器人

机器人吸尘器，又被称为扫地机器人，是用于打扫室内环境的小型家用电器。运行时，它能按照特定或不规则的路线行走，并开启内置的吸尘装置进行打扫，将区域内的灰尘吸除。此外，它在运行时还能自动侦测及躲避障碍物，避免从高处坠落——这些功能最早都是应用在地雷探测设备上的，后来在家用机器人中得到了普及。

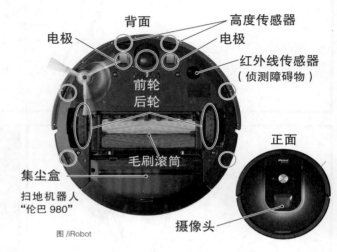

背面
电极　　　　高度传感器
电极
红外线传感器
（侦测障碍物）
前轮
后轮
正面
毛刷滚筒
集尘盒
扫地机器人
"伦巴 980"
摄像头

图 /iRobot

新一代家用机器人

大扫除是一件枯燥乏味且耗时费力的事情。得益于扫地机器人，人的双手在繁杂的家务劳动中得到了解放。在外出或不方便做家务时，只需轻轻一按，扫地机器人便能在短时间内将家中打扫得一尘不染。

扫地机器人的扫除范围仅限于地板。未来有望研发出适配的机械手，将清洁范围扩大至墙面、书架隔板等更高的平面。目前，有些公司已经成功研发并上市了能够自动清理泳池和雨水槽的家用机器人。

此外，科学家们正在集中精力研发适用于打扫浴室、清洗碗筷、清洁床褥的家用机器人，近几年内将与消费者见面。另外，引起人们广泛关注的还有能够在家中照顾老人、病人和宠物的"保姆机器人"。

与工业机器人不同，家用机器人的设计除了注重安全性，还必须考虑到如何与人和谐相处。例如，它在运行时需要维持一个安静的环境，避免打扰到人的工作和休息。因此，如何保证机器人的运行效率，又使之适宜在家中使用，就成了家用机器人设计中最为关键的问题。

自由移动的花盆和台灯——帕丁机器人

由花机器人设计工作室研发的帕丁机器人，是在搭载摄像头和传感器的移动底座上，装配特定的工作单元而构成的机器人。工作单元包括照明灯具、加湿器、水箱等，它们在移动底座的帮助下，可以在室内自由移动。

工作单元
（台灯）

工作单元
（花盆）

移动底座

图 / 花机器人设计工作室

智能玩具与智能手机

现在的智能玩具多配有陀螺仪，可以感知本体的运动状态，并做出调整。有些智能玩具还加入了智能手机的通信组件，可以连接互联网。

绘 / 东山昌代

警卫机器人

警卫机器人是一种具有摄像头和软件识别系统，能在特定区域内执行保卫工作的机器人。它可以自动巡逻，发现入侵者并予以警告。除了安保功能之外，警卫机器人还可以对设施设备进行讲解说明。不久的将来，警卫机器人或许可以在机场、车站等公共场所得到广泛应用。

"Reborg-X"

日本综合警备保障公司推出的自主行走型警卫机器人"Reborg-X"，不仅可以寻找走失的儿童，发现可疑人员，还能用外语进行简单的介绍。

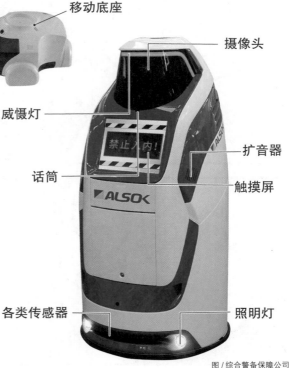

摄像头

威慑灯

话筒

扩音器

触摸屏

各类传感器

照明灯

禁止入内！

ALSOK

图 / 综合警备保障公司

唉，怎么办？

家里根本没有机器人啊，虚荣心一上来就说了大话。

那你说怎么办？

第 2 章

神奇的"双足步行机器人"

好吧！

事到如今只能自己发明创造了！

要比苍太郎家的还酷！

就做一个双足步行机器人吧！

可罗纳，你知道吗？机器人的手脚要装上马达才能驱动。

只要明白这个原理，其他的都是小菜一碟！

哇，你还挺聪明的嘛！

探索笔记 马达分为许多种，双足步行机器人使用的是伺服马达，是一种在伺服系统中控制机械元件运转的发动机。其特点是控制速度精确、运转平稳等。

用塑料模型上的工具和马达就行了！

都能在便利店里买到！

哇，便利店！

小陆，我想吃炸鸡块！

如果我没猜错的话……那么材料……

窃笑

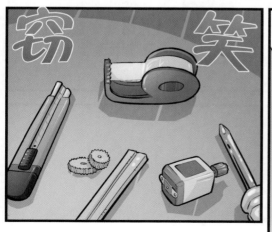

哇哦！

没想到小陆居然这么有才华。

津津有味

咔嚓咔嚓

啪叽

接下来，只要将电池和马达连接起来，就大功告成啦！

咦，你这个不对吧？

怎么像是山寨机？

你急什么？我这不是还没做好吗？

唔 唔 唔

快吃！吃完把盒子给我！

手忙 啪 脚乱 喔

锵 锵

怎么样？就叫它可罗博吧！

东倒西歪 东倒西歪

 在东京的日本科学未来馆和本田青山大厦里，都能见到"阿西莫"的身影。具体信息请上网查看。

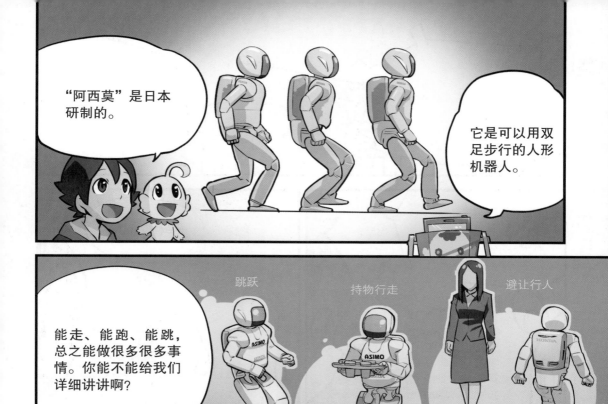

"阿西莫"是日本研制的。

它是可以用双足步行的人形机器人。

能走、能跑、能跳，总之能做很多很多事情。你能不能给我们详细讲讲啊？

跳跃

持物行走

避让行人

好，我来介绍一下。"阿西莫"的身高是130厘米，个头和二年级的小学生差不多高。

和我一样高！

它可以模仿人的行为，未来可以协助人完成一些工作。

1973年诞生于日本的『WABOT-1』是世界上第一台双足步行机器人。它每走一步需要45秒。

别看"阿西莫"走起路来稳稳当当的，

这对于机器人来说，可是相当不容易的。

以前的机器人是不能直立行走的。

咦？

吱扭

咔嗒

卡住了吗？

动弹

不得

颤抖

大概是马达不够强劲……

吱扭

吱扭

机器人的骨架也好，马达也罢，都不能很好地运作，

因此很难流畅地行走。

扶起

探索
笔记

2011年研发成功的新一代"阿西莫"的重量是48千克，相当于一台洗衣机的重量。想象一下洗衣机在地上行走的样子吧。

它就像小宝宝一样，

虽然能站立，但是骨骼和肌肉发育并不完全，腿部力量难以支撑其直立行走。

多亏工程师们研发出了轻盈的高强度金属和强劲的马达，"阿西莫"才能直立行走。

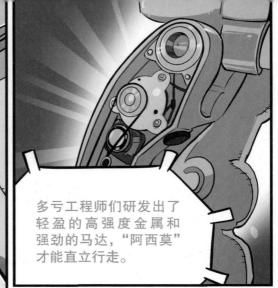

还不止如此。

为了能流畅地行走，"阿西莫"不仅要有强壮的机械腿，还要具备强大的运算能力。如果不能瞬间计算出接下来该采取怎样的姿势，动作就无法连贯进行。这一功能叫作"控制调节"。

组成机器人的零件很多，要想实现高水平的控制调节，势必需要一台高性能的计算机。

计算机也需要不断改进呢！

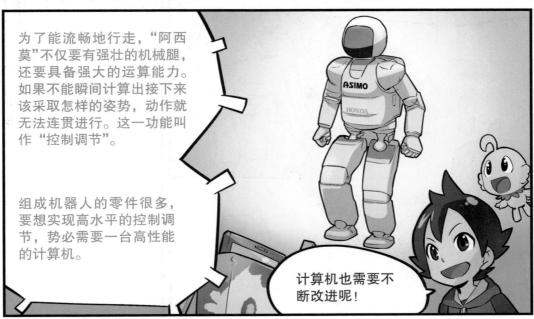

工程师们不仅通过各种方式研究了人是如何行走的，

摇摇

晃晃

震惊

甚至还认真观察了昆虫的爬行方式。

了解了人是如何行走的之后，工程师们又提升了计算机的运算速度，这才研制出了"阿西莫"。

正如婴儿学会了走路一样，"阿西莫"的诞生，在机器人研发领域也是一项振奋人心的成就。

现在，您清楚制作机器人的技术难点了吗？

啊啊啊啊啊啊！

事到如今，还有别的办法吗？

怎么办？

我既没有技术，也没有资金……

小陆，打起精神来！

可罗纳倒是走得稳稳当当的。

啊？

不仅会飞，还能说会道……

嘿嘿，跟你相比，"阿西莫"也要自惭形秽吧？

你……你要干什么？

不怀好意

双足步行机器人"阿西莫"

2000 年，日本推出了一款双足步行机器人"阿西莫"，从此改变了机器人的历史。因此，"阿西莫"就成了日本机器人的代表。

双足步行机器人"阿西莫"的历史

日本本田公司于 1986 年起，开始了双足步行机器人的研发工作。1996 年，本田公司推出了机器人"P2"，它因为能上下台阶、保持平衡、在坚硬的平台上滑行而轰动一时。2000年，本田公司又在 P2 模型的基础上改进工艺，研发出了行走自如的双足步行机器人"阿西莫"。

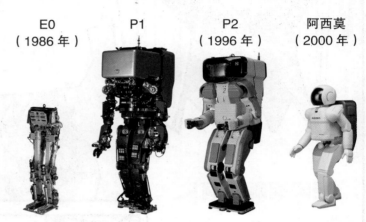

E0（1986 年）　　P1　　P2（1996 年）　　阿西莫（2000 年）

日本本田公司不断改进工艺，于 2000 年成功研发出小型双足步行机器人"阿西莫"。未来，它有望进入千家万户，与人们共同生活。

图／本田技研工业株式会社

"阿西莫"的"动态步行"

如今的"阿西莫"能像人一样健步如飞，但为了实现这一目标，在此之前，工程师们经历了漫长的研究和开发过程。

机器人的步行模式大体分为静态步行和动态步行两种。在行走过程中，重心始终保持在脚的支撑范围内的步行模式，叫作静态步行，最初的双足步行机器人采用的都是这种模式。而动态步行是一种模仿人行走的模式。机器人行走时，由计算机和传感器共同保持姿态稳定，利用重力和肢体摆动推动重心前移。这种模式在速度、稳定性和能耗方面都有较大的优势，尤其是在颠簸的路面和坡道上。

人在即将摔倒时会做什么呢？一般来说，会先尽量拉开双脚间的距离，降低重心以保持平衡，待身体稳定后再迈出新的一步。机器人也是如此，计算机收到足部压力传感器发回的数据，经过计算，分析出下一步将采取何种姿势。"阿西莫"在抓地、动态平衡和步态调整上都有很好的表现，因此可以在各种复杂的路面上行走自如。

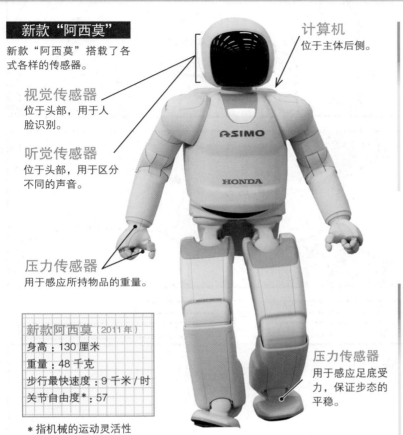

新款"阿西莫"

新款"阿西莫"搭载了各式各样的传感器。

视觉传感器
位于头部，用于人脸识别。

听觉传感器
位于头部，用于区分不同的声音。

压力传感器
用于感应所持物品的重量。

计算机
位于主体后侧。

压力传感器
用于感应足底受力，保证步态的平稳。

新款阿西莫（2011年）
身高：130厘米
重量：48千克
步行最快速度：9千米／时
关节自由度*：57

＊指机械的运动灵活性

"阿西莫"的传感装置

视觉传感器主要用于辨识身边的人，而听觉传感器则用于区分不同人的声音。将这两种传感器得到的信息统筹起来，机器人便可以独立完成点餐、配餐、送餐等工作。

新款"阿西莫"能自主思考并采取行动

目前，"阿西莫"已经具备汇总各个传感器发回的数据并进行分析，判断下一步应当采取何种行动的能力。此外，"阿西莫"行走时能够避让行人，在当前任务被打断时，也可以自动切换至下一任务。如果未来"阿西莫"需要同人们一起工作、生活的话，这些能力将是必不可少的。

工作中的"阿西莫"

压力传感器让"阿西莫"的五根手指更加协调，可以完成打开瓶盖等具有一定难度的精细动作。根据不同的情况，"阿西莫"会做出相应的回应。左图中，"阿西莫"正在招待客人。

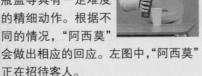

探索家

与机器人共事的时代即将来临！

太棒了!

这下就看不出什么破绽了。可罗纳,你可千万不要暴露自己啊!

明……明白了!

第 **3** 章

能辨黑白的机器人

丁零零

唉,每天都要浇水,真麻烦!水壶这么重,远的地方还浇不到。

是时候让机器人大显神通了,琪拉拉!

用这个吧！

咦，这也是机器人吗？

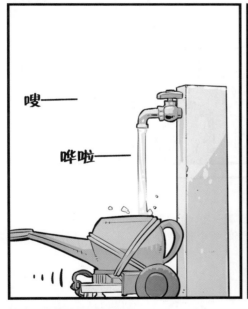

嗖——

哗啦——

嗖嗖

嗖嗖

哗哗

哗哗

厉害吧？这个是路线追踪器，

它会沿着画好的黑线前进。

苍太郎，琪拉拉，早上好！

早上好！

咦，黑色的线？

这是干什么用的？

不能碰——

焦急

路线追踪器能识别路线的颜色，并沿着路线行走。

如果路线被擦掉的话，它就不能走了。

嗖嗖

嗖嗖

嗯？

这是什么原理？

你们看，这台追踪器的背面有两个传感器。

它们就相当于追踪器的眼睛，通过接收地面反射的光来辨别黑白。

白色

黑色

安装了这两个传感器，它就能沿着画好的黑线行走了——

当传感器感应到路线发生变化时，

与转向同侧的车轮转速会放慢，这样车子就能顺利转弯啦。

咔嚓

原来如此！由于两侧车轮的速度不一样，所以追踪器就转弯了！

保持行进

静止

保持行进

静止

这样下去，追踪器就能一直前进了！

真厉害！

苍太郎，你懂得真多！能不能再多讲一些啊？

嘿嘿……

那我就再多说两句吧。

其实，机器人是用各种不同的零件，仿照人的身体制造出来的。

能下达各种指令的计算机相当于人的大脑，

而机器人的车轮就像人的双腿一样。

计算机是大脑……

车轮是腿？

  探索笔记 不仅是机器人，许多小型电器内部也配备有微型计算机，以实现各种功能。

啪嗒 啪嗒 啪嗒

这样吗?

怪物!

好可怕呀!

无语

你们真是……

啊,对了!小陆,你不是说你家也有酷炫的机器人吗?

比路线追踪器更高级吗?

这……你记性可真好……

其实,我今天正好带来了。

真的吗?

快给我们看看!

那就让你们见识见识吧!

亮相

哗啦——

可罗博，快去帮琪拉拉浇花！

摇摇　晃晃

好累啊……

那明明……

它根本不是机器人好吧！

气喘吁吁

你搞清楚没有？

机器人根本不知道累的好不好？

嗖嗖　嗖嗖

精疲　力竭

探索笔记 机器人虽然不会累，但是由于机器会老化和磨损，所以一般都会在上面标注"使用年限"，用来指机器能正常使用的年限。

机器人之所以是机器人，就是因为它不像人那样，工作一会儿就累了，嚷着要休息。

可是我更喜欢这种机器人，真可爱！

呼……
我不行了！

啊，露馅了！

咦，是可罗纳吗？

你才看出来啊？

竟然这么受欢迎……

围观抚摸

为什么？

明明是我的路线追踪器更高级啊！

有啦！

这下，苍太郎的机器人也变得可爱起来啦！

写写画画

快看！

那边那个也好可爱！

真棒啊！

这也是机器人啊？

这是苍太郎做的吗？

可以给我做一个吗？

不管多厉害的机器人，都是为人服务的，对吗？

所以，还是多考虑一下使用者的感受吧。

就是，外观也很重要！

机器人的学问可深着呢！

对不起，我不该向大家说谎！

不过现在，我想通过自己的努力，制作出一个真正的机器人！

太棒了！那咱们现在去找晨子老师，

去问问她怎么制作机器人吧！

好耶

探索笔记　设计机器人时，不仅要考虑它外观是否美观，是否便于维修和保养，还要保证它运行顺畅，散热良好。

机器人的传感器

简而言之，传感器是机器人用来感知周围状况和自身状态的装置。通常情况下，机器人身上会配备多种传感器。

机器人的眼、鼻、耳和皮肤

人有视觉、听觉、触觉、味觉和嗅觉这五种感觉，用来观察周围的状况和感知自身所处的状态。机器人若想获知这些信息，也需要具有相应功能的"器官"——传感器。

传感器获取外界的信息后，以电信号的形式传达给计算机。计算机通过处理获取的数据，分析周围的环境状况，确认关节和车轮的运动状态，判断接下来该采取怎样的行动。

自动门和洗手间的感应冲水功能都是传感器的应用案例。磁传感器、温度计、接触式开关、摄像头和麦克风也是常见的传感器。

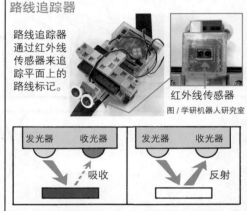

路线追踪器

路线追踪器通过红外线传感器来追踪平面上的路线标记。

红外线传感器
图／学研机器人研究室

发光器　　收光器　　　　发光器　　收光器

吸收　　　　　　　　反射

黑色区域吸收光线，收光器无法接收到红外线。

白色区域反射光线，收光器可以接收到红外线。

机器人的感官——传感器

大体上，机器人的传感器可以分为外部传感器和内部传感器两大类。外部传感器主要用于获取机器人周围环境的信息，而内部传感器则用来获取机器人自身的相关数据，例如关节和车轮的回转角度、受力情况等。

在进行人机对话时，机器人需要进行人脸识别和语音识别；在与人进行握手等交流时，机器人需要感知压力；为了避让周围的人和物体，机器人需要精密测量和计算与对方的距离，并判断自身的速度和关节回转角度。因此，机器人需要搭载各式各样的传感器。

传感器就是机器人的感官，它甚至可以获得许多人和动物无法察觉的信息。例如，条形码扫描器是利用光电转换器接收反射的光线，再将反射的光线转换成数字信号的；全球定位系统（GPS）也是通过传感器来实现位置测定功能的。

对于机器人来说，并非搭载越多的传感器就越好。每一个传感器在信息处理和数据计算时都需要耗费大量的电力，因此，设计师需要考虑如何平衡功能和耗能之间的关系这一问题。

传感器的种类

多数传感器都是靠自身发出的光或声波感受被测量的信息，并将收到的反射信号转化为电信号，以满足信息的传输、处理、存储、显示、记录等要求。

外部传感器

绘 / 东山昌代

视觉传感器	超声波传感器	激光传感器	深度传感器
通过摄像头，可以获取物体的形状和表面状态等信息。利用红外线可以观察到人眼观察不到的事物。	测距或躲避障碍物。	激光比超声波传播得更远，可用来测距或躲避障碍物。	也称"3D 传感器"，通过投影光图形来获取立体的距离信息。

地磁传感器	压力传感器	嗅觉传感器	放射线传感器
用来判断方位和行进方向。	用于判断是否已与障碍物发生碰撞。	气体测定。医护机器人常用来判断病人是否尿湿。	多搭载于核电站和宇宙空间站的机器人身上。

内部传感器

平衡感觉传感器	关节角度、速度传感器	压电式传感器	温度传感器
用于判断倾斜角度。	测算关节角度和回转速度。	测算关节受力。	用来判断马达是否过热。

探索家

根据需求，挑选适宜的传感器！

第 **4** 章

晨子老师的分身

等一下，可罗纳！你还是先进来吧，别把晨子老师给吓坏了。

晨子老师没见过可罗纳吗？

应该没见过……反正我第一次看见可罗纳，可是吓了一大跳。

好了，走吧！

晨子老师，我们有问题向您请教！

※ 为了保证漫画的趣味性，此处为虚构。实际上，『类人机器人』的脸是不能取下来的。

是你们啊！怎么啦？

老师……刚刚……您的脸……

啊，抱歉抱歉！吓着你们了吧？

其实，我现在正在海边度假呢！

你们看到的是我远距离控制的"类人机器人"。

这就是"类人机器人"吗？哇，简直和真人一模一样！

"类人机器人"又是什么呀？

就是看上去和真人一模一样的机器人啊！

它的脸是用真人的脸翻模制作而成的，足以以假乱真。

是的，只需要通过电脑远程控制，它就能模仿我啦！

你们可别告诉校长哦！

钻出

什么呀，原来是个冒牌货！闷死我了，我要出来！

目露　凶光

逃得出这个高清摄像头，可逃不出我的法眼！

这个小可爱是谁？

惊吓

快回答我！

这……这……这个嘛，嗯……

这是新出的智能玩具，哈哈！

用力

摇晃

原来如此，我还以为是外星人呢！

怎么可能……啊哈哈哈！

对了，你们找我有什么事？

老师，我们想自己制作一个机器人！

您能不能给我们讲讲具体的做法？

除了三大部分，机器人还有六个子系统，分别是驱动系统、机械结构系统、感受系统、机器人—环境交换系统、人机交换系统和控制系统。

机器人？没问题啊！

指点

好耶——

那你们可要认真听哦！

就从机器人的三大部分说起吧！

三大部分？

首先是传感部分，相当于人的眼睛和耳朵。

其次是控制部分，相当于人的大脑。

最后是机械部分，相当于人的四肢。

扑棱　扑棱

苦思　冥想

踏踏踏踏

啪嗒 啪嗒

这不就是那个怪物吗?

为什么老师和苍太郎都用人体来类比机器人呢?

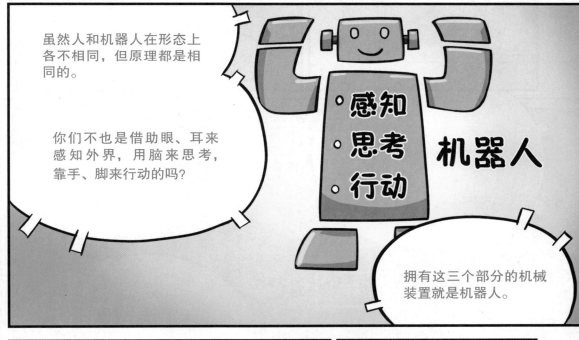

虽然人和机器人在形态上各不相同,但原理都是相同的。

你们不也是借助眼、耳来感知外界,用脑来思考,靠手、脚来行动的吗?

感知
思考
行动

机器人

拥有这三个部分的机械装置就是机器人。

广义上说,自动门也是机器人的一种。

哗啦

也就是说,并不是只有"阿西莫"那种才算是机器人,对吗?

嘿

61

我们先来了解一下传感部分吧。

我知道!

指的就是传感装置,对吧?

苍太郎家的机器人身上就有传感装置!

说得没错!

人不仅要靠眼睛去观察,还要用耳朵去听,用皮肤去感受。机器人的传感装置也是五花八门。

红外线传感器

红外线用来感知物体的存在。

这是扫地机器人!

图像传感器

摄像头用来判断是何种物体。

警卫机器人……真是不好的回忆啊!

声音传感器

麦克风用来识别不同的声音。

这是小帕皮。

开电视!

接下来是机器人的控制部分。

众所周知，机器人的控制部分就是计算机，只要将程序写入计算机，即可完成复杂、精密的计算。

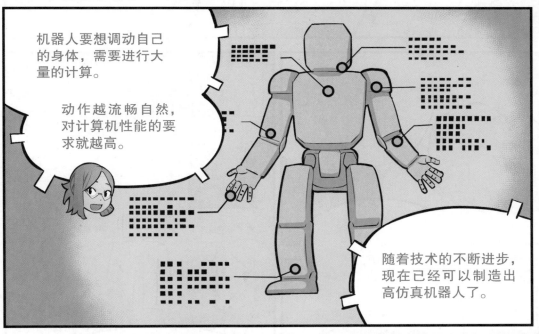

机器人要想调动自己的身体，需要进行大量的计算。

动作越流畅自然，对计算机性能的要求就越高。

随着技术的不断进步，现在已经可以制造出高仿真机器人了。

老师老师，

人脑和电脑哪个更聪明呀？

这可没法比！

探索笔记 即使只是完成一个简单的抓取动作，计算机也需要对各个关节的回转角度进行大量的计算。关节数量越多，计算量就越大。

 与其说计算机的存储是"记忆"，倒不如说是"记录"更为准确。现阶段，计算机还无法做到像人那样进行以经验习得为基础的记忆活动。

第三个呢，就是"手脚"这部分了。

计算机发出指令，机械部分则根据指令来行动。

这部分的构造每台机器人就不尽相同了。

这是轮毂型，它主要在宽广的平面上移动。

这是昆虫型，它能沿着粗糙的墙壁向上攀爬。

还有水中的虾形轮式机器人。

如此说来！

"阿西莫"的制造理念是"和人类一起生活"，对吧？

对呀！

不同的应用场所，需要不同形态的机器人。

正如刚才所说的，

做出的机器人，不仅能感知、思考和行动，

还能把这三个过程有机地结合起来。

没错！

成千上万的科学家夜以继日地辛勤探索，

这些经验积累至今，才研发出了现在的机器人。

跟某些套着瓦楞纸的笨拙生物可不是一回事哦！

什么？

你说谁笨拙呢？！

想要更深入地了解机器人，最好是去机器人工厂参观一下。

机器人工厂里有各种各样的机器人。

这么厉害！老师，机器人工厂在什么地方啊？

这个嘛——

咣 当

滑 落

嗖 嗖 嗖 嗖

天哪

啊，我的脸！

你们别傻愣着呀！快帮我找一下！

无语——

以假乱真的"类人机器人"

"类人机器人"的成功研发，让人仿佛置身于科幻世界，也促使人类更加深入地思考生命的意义。

机器人引发的思考

日本大阪大学的石黑浩教授仿照自己的样貌制作了一个"类人机器人"。人类为什么要致力于研发让人真假难辨的机器人呢？关于这个问题，石黑浩教授有自己的答案。他认为，要使机器人和人类建立真正的联系，机器人人性化的外观至关重要。

图/大阪大学

女性类人机器人"Geminoid F"*（左），自由度为 12；外表酷似石黑浩教授的"Geminoid HI-4"（右上），自由度为 50。

＊"Geminoid F"是日本大阪大学与国际电气通信基础技术研究所（ATR）石黑浩特别研究所共同研发的机器人。

"人类"与"非人类"的界限

石黑浩教授研发的机器人可实现远程控制。他表示，远程控制机器人时，自己也会受到机器人的一些影响。例如，当机器人接触到某个物体时，自己身上也会出现对那个物体的触感。因此，从某种意义上说，机器人延伸了人的感觉。

在客体心理学中，与人交往时，他人对我们的行为的回应证明了我们的"存在"，使我们产生"存在感"，也就是自我觉察。

那么，机器人有"存在感"吗？如果机器人有存在感，这种"存在感"和人的一样吗？机器人能在多大程度上"复制"人的"存在感"？是否能够通过机器人来改变人的"存在感"？如果机器人没有"存在感"，机器人怎样才能具有和人相同的"存在感"？这些问题至今还没有答案。

通过研究、开发类人机器人，人类能更清楚地认识到自身与机器的差别，以及各自的局限性。石黑浩教授认为，人类之所以与机器不同，是因为人脑的特殊构造使人能够产生自我意识。

在研发类人机器人的同时，人类也在不断地认识自己、反思自己。

以假乱真的类人机器人

类人机器人的头和躯干，都是从真人身上取模制作的。硅胶材质的柔软皮肤，在"骨骼"的牵引和调整下，可以让机器人做出各种真实的表情。为了让机器人的五官看起来更加自然，设计师还反复调整了它的眼距。

类人机器人采用最新的气压驱动系统。空气压缩机在运转时几乎没有噪音。因此，即使近在眼前，人也几乎不会察觉到身边的"人"有什么"异常"。与传统的马达驱动相比，气压驱动还具有经济、环保的特点。

此外，类人机器人还配备了人脸识别系统。它可以通过摄像头来"观察"对方的表情变化，并做出相应的反应。

右图为女性类人机器人"Geminoid F"硅胶皮肤下的"骨骼"

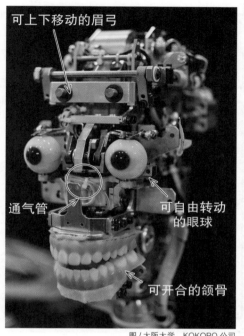

可上下移动的眉弓

通气管

可自由转动的眼球

可开合的颌骨

图 / 大阪大学、KOKORO 公司

恐怖谷理论

恐怖谷理论是由日本机器人专家森昌弘提出的。森昌弘认为，随着物体的拟人程度增加，人类对它的好感度也随之增加。但当物体的拟人程度到达一个特定的临界点时，人类对它的好感度却突然下降，这一现象被称为"恐怖谷"。

心理学家推测，当物体达到"以假乱真"的程度时，会让人难辨真假，甚至感到一种潜在的威胁。

因此，机器人设计师在制作机器人时，都应注意规避"恐怖谷"，避免因机器人过于"人格化"，从而引起用户心理上的不适。

好感度 ｜ 工业机器人 类人机器人 人类 僵尸 恐怖谷 与人类相似度

探索家

根据人类的心理，研发出接受度更高的机器人。

第 5 章

朝着机器人公园进发

大家知道怎样才能找回晨子老师的"脸"吗？

不是掉进这本大百科里了吗？那咱们进去找不就行了？

那好，咱们快去快回！

等一下！

可没有你们想得那么简单！

"穿越书"连接着所有的平行世界，如果贸然闯入的话——

惊恐万分

稍有不慎，就回不到原来的世界了……

用脚指头想想也知道，那种地方去不得吧？

去吧

啊！

回不回得来再说吧！

呀吼！

我还没做好思想准备呢！

哇啊啊啊啊——

哇!

滑行

啊,这是什么?!

别怕!这是坐式电动平衡车。

挥舞

挥舞

噢耶

你们好!

叔叔,您是······

我是这里的机器人设计师。我带你们参观一下吧。

这里是汇聚了全世界机器人的梦想之国！

有许多惊奇和惊喜等着你们呢！

你们要跟紧我，可别走丢了！

太棒了！

难得叔叔给我们当向导，我们就好好参观一番吧！

同意！

说不定还能找到我们丢了的东西。

我们先来这边看看吧，这里有很多有趣的东西。

机械加工厂

先来看看负责焊接金属的机械手吧!

实际上,工厂里的机器人比这儿还要多。

吱吱 吱吱 吱吱 吱吱 吱吱

焊接就是在高温或高压下将多块金属板材连接在一起。

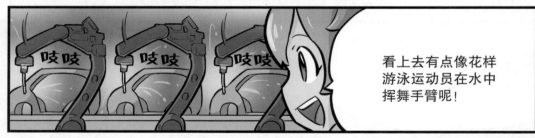

吱吱 吱吱 吱吱

看上去有点像花样游泳运动员在水中挥舞手臂呢!

烟花!烟花!

是火花吧……

噼啪 噼啪

哇,好危险!

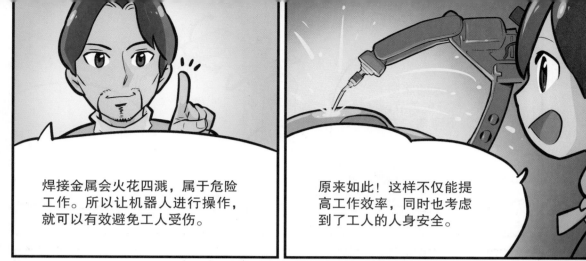

焊接金属会火花四溅，属于危险工作。所以让机器人进行操作，就可以有效避免工人受伤。

原来如此！这样不仅能提高工作效率，同时也考虑到了工人的人身安全。

快看！那边的机器人在给汽车喷漆呢！

上色真均匀！连缝隙和角落都喷到了！

我想起爷爷以前在汽车修理厂工作的事了，那时候还是手工喷漆，真是既辛苦又耗时。

安装在机械手末端的配件叫作『末端执行器』，它可以完成不同的任务，相当于机器人的『手』。

机械手和人的胳膊一样，有许多关节，可以上下弯曲，左右旋转。

旋转

上下

将这些关节组合起来，机械手就能活动自如了。

而且，

机械手还可以匹配不同的配件。

抓取

钻孔

上螺丝

涂装

这样，一台机器就能够完成不同的任务啦！

普通工厂的设备大多是按照生产特定的产品制造的。如果想要生产其他产品，或者生产工序发生变化，就需要重新购置设备。

可是如果用机器人的话，只需要调整程序就行了。

还真是省时、省力又省钱啊！

好了，现在咱们去食品加工厂吧！

哇，这个机器人在配餐！

这台机器是利用气动执行器将食物吸起来的。

嗖

机器上的图像传感器能识别鸡块的大小和形状，所以它能将鸡块一一码放整齐。

嗖

嗖

码放

码放

食物全都码放在指定的位置了！真是太厉害了！

看起来好好吃啊！

哔————
哔————
停
摆

啊，什么声音？可罗纳，你在干什么？！

我想看偷吃一块的话，

机器人会不会发现……

心虚 心虚

没关系，发生异常的话，机器会自动停止运转。

但是，如果不按规章来使用的话，很容易发生危险哦！

真是记吃不记打呀！

要你管！

这个机器人是由一系列连杆组成的。因为它看上去像一条手臂，所以也叫"连杆式机械手"。

连杆
连杆
连杆
连杆

这就是连杆啊！

关于这个，我可是最了解的！

我制作的机器人可罗博给我讲过！

你说什么？那本来就是我的智能型机器！

小陆，可罗纳，你们快住手！

难解 难分

咔 嗒

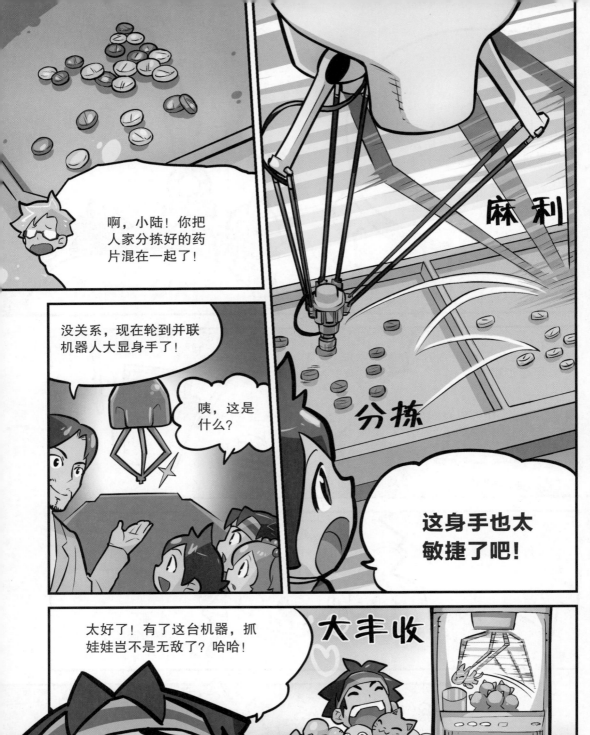

并联机器人是将若干个机械手并联在一起得来的。

它采用并联的形式，结构紧凑，所需工作空间很小。

它的特点是移动速度快，分拣精度高。

马达

连杆

连杆

连杆

咕噜噜

那我们现在去美食街吃点东西吧！

银河，你也太不分场合了吧？难得叔叔给咱们耐心讲解！

抱歉抱歉，刚刚闻到炸鸡块的香味，就……

好耶！

这是双臂机器人在果园里工作。

哇，机器人在采摘架子上的草莓呢!

农业机器人

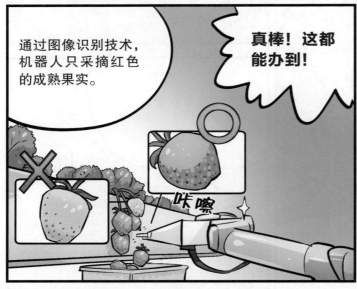

通过图像识别技术，机器人只采摘红色的成熟果实。

真棒! 这都能办到!

咔嚓

请用。

码放

那我就不客气啦!

机器人采摘时居然没有损坏草莓的表皮，这精细程度真惊人。

用完的盘子请给我吧。

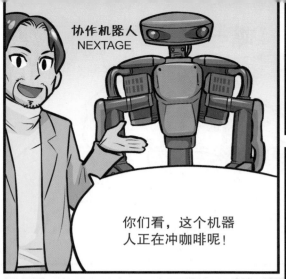

协作机器人
NEXTAGE

你们看，这个机器人正在冲咖啡呢！

拿起

咔 嚓

左顾 右盼

它在找什么？

抓

它在看咖啡有没有装满。

它只取了一根搅拌棒，真聪明！

咖啡伴侣也能一个一个地抓取！

完 成

真厉害！

双臂机器人简直是无所不能啊！

嗡——嗡——

快看！那边的机器人正在跟工人叔叔一起工作呢！

真的耶！

说得没错，它原本就是在工厂里工作的机器人。

嘿，它可真帮了我不少忙呢！

机器人的身体更加纤细灵巧，能钻进狭窄的通道。

而且，机器人目测距离也比人更精准。

看！

嗖嗖

嗖嗖

手工作业完成得又快又好！

饱啦——

大家吃饱了吗？

吃饱啦！

探索笔记

手动教机器人动作，机器人将其转化为信号并记录下来的过程叫作「直接教学」模式。虽然在这种教学模式下，机器人的动作精度不高，但胜在操作简单。

巴克斯特

既然吃饱了，那就来看看巴克斯特展示它的绝活吧！

手把手教学

嗡 嗡

抓

哇，好可爱！

呱唧 呱唧 呱唧

那些动作它居然全都记住了！

将关节所需数值预先设定在「示教盒」中，工业机器人便可通过示教盒来完成动作学习。这种方法适用于高精度的工作。

太酷了吧！是不是不需要编写复杂的程序也能让它运行？

说得没错，你懂得真多啊！

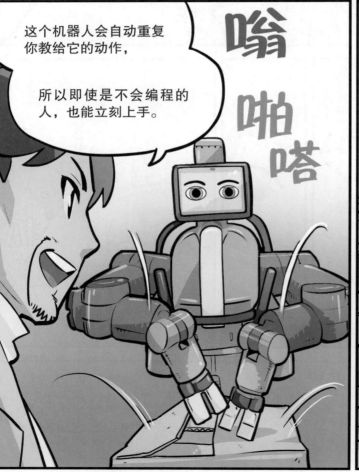

这个机器人会自动重复你教给它的动作，

所以即使是不会编程的人，也能立刻上手。

嗡

啪

嗒

太棒了！这样的话我也能用了！

嗯，那你试试看！

看好了,

像这样把东西装进箱子,会了吗?

我们通过观察机器人的表情,可以轻松辨它是否理解了指令。

费解

嗯?

它好像没听懂。

你快看啊!就像这样!

这次呢?

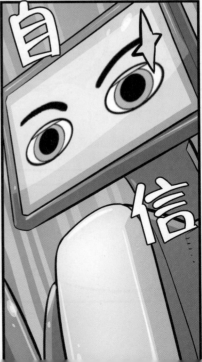

自信

刚刚我们看到的都是用于工业生产的"工业机器人"。

此外，这里还有很多用于不同领域的机器人。毕竟这里是机器人公园啊！

期待万分

那我也要抓住这个机会，作为艺人——

跟机器人一起出道！

怎么样

好主意

哈哈哈哈哈哈哈！一定能一炮而红！

师父脑子不好使的话，徒弟也跟着傻乎乎的……

工业机器人

机器人在各类工厂中大显神通。无论是组装自行车、家电，还是包装食品，机器人都展现出了巨大的优势。

工厂中负责焊接、涂装、搬运等工作的机械手

在汽车制造车间，焊接、涂装、搬运等工作大多是由机器人完成的。因为其外观形似人的手臂，又被称作"机械手"。用于焊接和涂装的连杆式机械手，关节是直线排列的，特点是可活动范围较广。

图/安川电机

用于汽车制造的连杆式机械手。

肉食品加工机器人

日本前川制作所研制的猪腿肉去骨机器人"HAMDAS"，被视为食品加工自动化方面的一次飞跃。

图/前川制作所

无所不能的"机械手"

在汽车工业领域，种类繁多的机器人在工厂里各显神通，焊接、组装等流程全都由机械手来完成。

乍一看，这些机械手都是庞然大物，可实际上完成精细工作的只是机器的"手"，也叫"末端执行器"。

如何将"手"安装到大型器械上？用什么样的机械关节才能最大限度地发挥出"手"的功效？如何在有限的范围内合理配置这些机器，以达到最高效率？这些都是机器人设计师需要考虑的问题。通过差异化的配置，连杆式机器人才能在不同岗位上发挥出相应的作用。

如今，机器人主要应用于大规模的机械生产，但小型工厂的精细作业也开始依赖机器操作——无论是装配盒饭套餐，还是采摘、分拣蔬菜，或者是将速冻食品装进冰袋，这些工作都是由机器人的"手"完成的。

从事食品、医药、化妆品生产的机器人

如今，在汽车工厂以外的许多地方，也能见到机器人的身影。其中，最受瞩目的应数在食品、医药和化妆品生产领域工作的机器人。

在分拣大量体积较小的物品时，速度是最为关键的。在这方面，并联机器人具有绝对的优势——它具有速度快、精度高、承载能力强的特点。

并联机器人的可动部件

图 / 安川电机

农业机器人

下图是 SQUSE 公司设计的机器人。这款机器人即使在光线昏暗的夜间，也能利用摄像头分辨出红色成熟的番茄，并完成采摘工作。

图 / SQUSE

人类的工作伙伴——协作机器人

工业机器人力量大、速度快，且具有一定的危险性，所以在过去的工业生产中，机器人都是被"隔离"起来单独作业的。随着科技的进步，可以和人类一起工作的机器人终于被研发了出来——这就是我们今天看到的"协作机器人"。在劳动密集型的小型工厂中，协作机器人可以代替人，独立完成大部分操作。

NEXTAGE

用来组装复杂机械的机器人。灵活的机械手可以抓取细小的零部件，可代替人类完成精细的手工作业。

图 / 光荣
研发 / 川田工业有限公司

图 / 再思考机器人公司

"巴克斯特"机器人

直接教授机器人动作后，即可自动完成生产线上简单的零部件组装加工工作。

探索家

借助机器人的一"臂"之力，解放人类的双手！

这里的机器人可真有意思！

接下来要去看什么呀？

那是什么？

第 **6** 章

机器人救援队

那是废品处理站。报废的机器和零部件都会被集中运到那里。

什么？机器人堆成的山？

太危险了！快下来！

咦，这是什么？还有这个和这个！卖掉的话能值不少钱吧？

闪闪 发光

真是捡到宝了！

呀——

吼！

哇!
这个金灿灿的
东西是什么?

嗯?

银河没问题吧?

喂——

你们快看!我找到晨子
老师的"脸"了!

等我一下,我这就拿下去!

哗啦　啦啦

哇啊啊啊啊啊啊！

银河！

不好了！银河他——

得快去救他！

不行，那里太危险了！

唰唰唰唰唰

看上去不像是能贸然接近的样子……

咦？那是……

无人机配有调节倾斜度的感应器，即使遭遇狂风，它也能在空中保持相对平稳的姿态。

无人机之间可以保持密切合作而不发生碰撞，团体飞行时，只需设定好位置和高度，它们就能自动巡航。

无人机的种类繁多，因为体积小、造价低、便于控制，所以可以代替人完成许多任务。

在我们这里，无人机适合航拍较大的建筑物。

这位叔叔是？

大家都听好了！

我们就是——

超级无敌救援军团！

太帅了吧！

快到废品堆上确认一下状况！

可以在平板电脑上看到空中传来的实时影像！

在救援时，有时现场十分危险，为了保证救援人员的安全，就要派出无人机查看。

探索笔记 "樱二号"的本体和前后轮上都装有履带，即使在废墟上也能平稳前行。

找到啦！

银河好像昏过去了。

好！确认详细位置后，

只要把周围的瓦砾清理掉就行了！

这个机器人好厉害！

消防队现在也在使用这种救援机器人，它可是个大力士呢！

哐哐哐

咚

哔哔哔

咔嚓

哇！

快成功了!

嗯。

不过还是不能大意!

山体的平衡已经被破坏了。

现在开始要更加注意,稍有不慎就会引发大面积塌方!

什么?

叔叔!

我来了!

不用担心，他只是受了些皮外伤，在医院里休养几天就会好的。

太好了！总算放心了。

小陆，你太厉害了！

是啊！

简直和真正的救援队员一样！

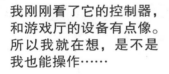

我刚刚看了它的控制器，和游戏厅的设备有点像。所以我就在想，是不是我也能操作……

什么？只是当作在玩游戏吗？！

反正我做到了啊！哼！

虽然有些机器人能完成较复杂的动作，但操作的难度也相对较大。在实际的救援工作中，利于操作和控制的机器人实用性更高。

107

银河！

我们来看你啦！

你的身体怎么样了？

哈哈哈哈

啊，你们来啦！

这不是挺精神的吗？

白担心了！

谁说的？我起初也是胆战心惊的好不好？

说是要动手术呢！

干吗啊 不要

什么？这么严重吗？

嘿嘿，你们听了可别害怕，是机器人给我做的手术！

真不愧是机器人医院！

啊，你朋友来看你啦？

护士姐姐！

什么？机器人给你做手术？

唰

来，我看看——

血压、脉搏正常，排气三次。

连这个都知道？！

没错。这张病床上的传感器，还有你手上戴的手环，都会实时记下你的生理信息。

绝无遗漏。

可恶

所以连我放了几个屁都知道……

哈哈哈，快别说这个了！护士姐姐，你能不能给他们讲讲之前那个机器人啊？

我有些记不清了……

之前给你做手术的机器人吗？没问题。

外科手术机器人可以通过远程控制的方式，辅助医生进行微创外科手术。

远程控制？

就是医生在一定距离外进行操作。

实际的手术是由机械手完成的。

手术医生坐在控制台上，远距离操作机器人。

因为不必接触患者，对医生的着装要求没那么严格，所以医生能更加轻松。

医生可以在机器上看到 3D 实时影像，并根据影像来操纵机械手。

无论是影像，还是机械手，都具有极佳的性能。

缩小、放大视野

比人手更灵活

切开

唰唰——

有效防抖

因为是由机械辅助控制的，所以动作既精细又准确。明白了吗？

嗯，真厉害！

跟你们说，这家医院里还有好多其他的机器人！

我这就带你们去看看！

走吧！
请切换至移动模式！

探索笔记

将病人从病床上移至轮椅上的过程叫作"移乘"。"移乘"时,护工需要承受很强的负重。所以,科学家们正在研发相关的机械技术,以期早日将人类从这项繁重的体力劳动中解放出来。

好，我们出发吧！

走吧！

你们快看！这也是机器人吗？

这是医用运送机器人，

可以为病人导航，运送病历和药品。

它就是医院里的快递员！

嗡嗡嗡

跟上去看看！

哇，病历送到啦！

咣当

真了不起！

完成任务后，它还会自己回到原来的地方。

看！这是洗发机器人！

沙沙 沙沙

洗发机器人？

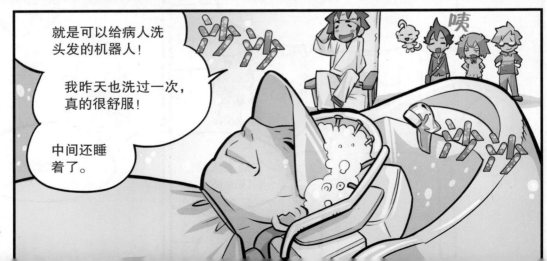

就是可以给病人洗头发的机器人！

我昨天也洗过一次，真的很舒服！

中间还睡着了。

沙沙

唉

啾啾……
还有用于安抚病人情绪的机器人呢！
真可爱！我明天手术也要加油啊！
哎呀，今天怎么不是小海豹了？
我不是安抚机器人啦！
这是给腿脚受伤的病人准备的复健机器。
嗡
嗡
我家也有举重物时用的辅助装置。
有了这个，无论琪拉拉多重，都能把她横抱起来。

喂！你觉得我很重吗？不用辅助装置抱不起来是吗？！

啊，不是……我不是这个意思！

我没有银河那么强壮，

当然要以智取胜了……

苍太郎，你知道就好！

没错，我就是上天入地无所不能的银河！哈哈哈！

呃……

银河！

你不是能走了吗？

照这样看，其实你早就可以出院了，对吧？

惊

啊，被发现了。

探索笔记

出于卫生问题的考虑，医院内不得携带或饲养宠物。但住院生活十分无聊，于是『机器人宠物』的开发和推广引起了人们的广泛关注。

但是你们也看到了，在机器人的照顾下，住院也变成了一件超级开心的事！

这倒是。

我还想再多住几天。

那你就住一辈子吧！

赞

无人机

无人机是一种可以在空中飞行的机器人。现如今，操作简便、能够按照指定路线和高度自动巡航的小型无人机引起了人们的广泛关注。

不用遥控也能飞行

无人机是机器人在航空领域的应用。

与一般的遥控玩具不同，无人机可以自动调节飞行姿态，即使在狂风中也能保持机身相对平稳。因此，无人机的操作更加简单，只要设定好飞行程序，它就能自动飞行。

螺旋桨

光学传感器

摄像头

照明灯

无人机主要用于航拍。搭载 GPS 后，无须遥控也能实现自动飞行。

图 / 乐天

和普通的机器人一样，无人机配置了传感器、计算机和伺服作动器。

图 /DJI

用于配送

未来，无人机有望应用于物流领域。目前，多家机构正在开展紧急药品配送、高尔夫球场无人送餐等试验。

无人机普及的关键在于电池

其实，早些年人类就开始了对无人机等飞行机器人的研究。据调查，近期无人机开始流行的原因是电池续航能力得到了显著提升，大大延长了飞行时间。如今，得益于无人机的普及，直升机难以接近的地方也能轻松实现航拍了。

当然，无人机的安全问题也引起了人们的广泛关注。在某些国家，使用质量在 200 克以上的无人机时，需要取得有关部门的许可。

无人机的应用十分广泛，最主要的用途是航拍和测量。此外，还可以利用无人机观测灾害现场，展开救援；在农田里自动巡航，喷洒农药。同时，有些邮政公司也开始了小型无人机配送货物的试验。

我们不妨畅想一下，未来无人机将扮演什么角色？如果无人机拥有像鸟一般的爪子，巡航时就可以像鸟一样落在树枝上"休息"，如此一来，就可以进一步延长电池的续航时间。再或者，在机身上安装机械手，无人机或许就能实现空中作业。

医护机器人和救援机器人

机器人也能参与手术吗？

手术是重体力劳动，因此，为医生研发出得力的机器人助手这一任务就被提上了日程。迄今为止，国内外一些内窥镜手术已经开始使用机器人。虽然手术台上的主刀医生仍是人，但机器人已经可以帮助主刀医生持镜。另外，在胃镜检查中，医生也可以将胶囊型摄像机置入患者体内，为诊断病情提供帮助。

手术支援机器人

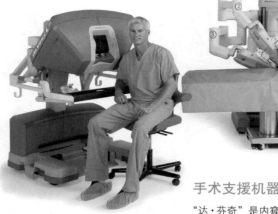

© Intuitive Surgical, Inc.

手术支援机器人"达·芬奇"

"达·芬奇"是内窥镜手术辅助机器人。它利用机械手将 3D 摄像头探入病人体内。在它的帮助下，医生可以在手术室外远程操作，进行手术。

救援机器人

图 / 千叶工业大学

核电站事故救援机器人"樱二号"

"樱二号"是日本千叶工业大学为应对核电站事故专门研发的机器人。它能负重 50 千克，并在倾斜度为 45°的斜坡上行进，防尘、防水性能良好，续航时间在 8 小时左右。

救援机器人

救援机器人有两只强有力的机械手，可以将受困的伤员救出，并在救援舱内保护起来。它可以给舱内的伤员提供新鲜的空气，医生也可以通过它身上配备的摄像头和麦克风确认伤员的身体状况。

图 / 东京消防厅

第 7 章

仓库里的机器人

呀！虽然无所事事了一阵子，

不过这么好的医院，要是能多住几天就好了！

竟然还在说这种话！

我们可真是白担心了。

还不是你自作主张到处乱跑？

什么？你忘了是谁找到的晨子老师的"脸"？

你们俩快别打了……

缓缓 前行

看！那是什么？

咚

嗡

哎哟！

跟跄

跟跄

直立

快停一下！刚才你看见了吗？

嗯！它的身体软软的，但是怎么撞都撞不倒！

它好像生气了!

而且要过来了……

那是仿照四足动物研发的机器人,

它能在无法通车的荒地上搬运货物。

哇呀呀呀呀呀呀呀呀呀呀!

嗯?

怎么了?

话说,小陆他们去哪儿了?

探索笔记 四足机器人采用油压动力混合驱动,它的步态借鉴了生物的肌肉反射机制,无须精细计算出每一步的落脚点。

喘 喘

喘

终于甩掉了……

这是哪里？

有点阴森森的……

话说回来，琪拉拉和苍太郎没跟上我们吗？

真是的，这下迷路了吧！

叮咚叮咚

现在广播寻人。两名冒失鬼和神奇生物可罗纳，请听到广播后速回医院正门，与你们的朋友会合。谢谢！

迷路的是咱俩吧……

别说了……真丢人！

啊！

银河，可罗纳！那边有座房子！

真的耶！

咱们去问问路吧！

不好意思，请问有人在吗？

咚咚

咔嗒

竟然是设计师叔叔！

是你们啊！你们怎么在这儿？

124

我们不知不觉就走到这里了……

不过，为什么研究所要建在这种地方？

这里既昏暗又偏僻……

这里是机器人公园最阴暗的地方……是报废的机器人和邪恶的机器人常出没的黑暗地带……至于你们能不能平安回去……

噫——

阴森

我们是不是回不去了？

好了，我把这个导览用的机器人借给你们用吧。

它能带你们回到原来的地方。

太好了！

不过，这个机器人还没有研发完成。你们能不能帮我把它做完？

什么？我们也能帮忙吗？

也不知道能不能帮上忙，

我只会做一些手工活……

这就够了啊！大批量生产的机器人，

最初都需要手工调试。

当然了，也不是一蹴而就的。

那咱们赶紧开始吧！

银河，你能帮我把仓库架子上的资料拿来吗？

包在我身上！

不过……

这里的东西也太多了吧！

满满当当

没关系！仓储机器人会把架子搬到你面前，你在架子上找就行了。

嗡 嗡 嗡 嗡

哇！这就是仓储机器人？

它能把柜子推过来？真厉害！

在大型仓库中工作的工人，有时一天要走10千米以上。有了仓储机器人，可以大大减少工人的步行距离。

虽然东西一点没少，但是这样就知道要找的资料在哪个架子上了。

在我们这里，所有新入库的东西都会被放到适当的位置。

人们总是忘记自己把东西放在哪儿，

但是机器人不会，只要它记住了，无论过多久都不会忘记。

所以，也就不用担心要用的时候找不到啦。

怎么样？

机器人是不是很厉害？

自满

真是自愧不如啊！

探索笔记 计算机会计算出到达指定架子的最佳路径，并指挥机器人按照这一路径前往。

我把资料拿来了!

谢谢你。

该怎么做?

用这个绘图板,在 3D 模型上画出脸的细节。

那么小陆,你来帮我设计机器人的脸吧。

交给我吧!

咔嚓 咔嚓

嗯,拜托啦。

好帅!像真正的机器人设计师一样!

等 3D 模型画好了,就能用 3D 打印机打印了!

3D 打印机?

哈哈,你们看!

唰啦

这就是能用树脂材料将3D模型变成实物的机器！

噼里啪啦

探索笔记

「3D打印机」是将融化的树脂材料注入机器，像制作圆筒冰激凌一样，根据已有的建模文件，制作出树脂模型的机器。

只要有模型，就可以制作出无数个一模一样的作品。

嗖 嗖 嗖

嗖 嗖

完工

就这样，复杂的形状也能轻松完成。

它不仅能做出模型和简单的机械部件，

只要有电源和树脂材料，它甚至能"打印"出一幢房子！

钦佩

我画完啦!

嗯,怎么样?

噗!

哈哈哈哈哈! 这脸是怎么回事啊?

笑到肚子疼!

哈哈哈,你画得太有意思了,制作之前我再帮你润色一下。

啪

好了,现在把文件发送到3D打印机。

哇!

开始制作了!

嗖

嗖

嗖

完成啦!

哇,终于做好了!

银河,你裤兜里的是……

这个?

这是我在废品堆里捡的。

这是超高速无线通信芯片。

有这个的话,就可以把机器人升级成"人工智能"的了。

太好了!我现在就把它装在机器人身上。

咔嚓 咔嚓

嘭

启动看看!

什么?

它也太笨了吧?

不是说我设计得还可以吗?

不是说过了吗?还需要慢慢调试……

 探索笔记 有些动物一出生就会走路,因此科学家们认为,动物在出生时,大脑就具备了控制身体运动的能力。

～类的伙伴——聊天机器人

可以和人交流的机器人

想要交到朋友，除了与人为善，还需要具备和他人沟通的能力。同理，机器人和人一起生活，也需要具备这种能力。机器人可以通过对话和动作，向人传达信息和情感。

软银集团的人形机器人"胡椒"，不仅配备了人脸识别、语音识别功能，其"胸"前的平板电脑上还能运行应用程序。而医用安抚机器人"帕罗"，在听到他人呼唤自己的名字时，会给予积极的回应。手机机器人"罗伯宏"则可以接打电话、回复邮件。

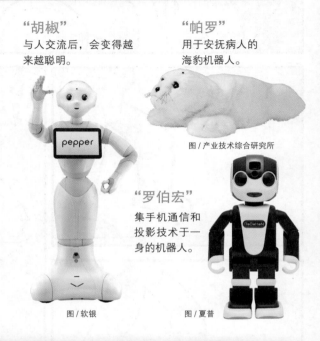

"胡椒"
与人交流后，会变得越来越聪明。

"帕罗"
用于安抚病人的海豹机器人。

图/产业技术综合研究所

"罗伯宏"
集手机通信和投影技术于一身的机器人。

图/软银   图/夏普

机器人能取代宠物吗？

一直以来，如何让人愉快地与机器人一起生活，是机器人设计师反复思考的问题。

于是，设计师将注意力放到了宠物身上。他们发现，人在投喂宠物时，内心获得了极大的满足。还有什么比看到狗狗摇头摆尾、听到猫咪打呼噜更治愈心灵的呢？

犬类是群居动物，非常适宜和人一起生活。它们虽不能和人进行语言交流，但只是单纯地陪伴在人身边，就能够让人感到幸福。据统计，养宠物的家庭，家庭关系会更加和睦。

机器人要想取代宠物，陪伴在人身边，需要怎样的技能呢？现实生活中，并不存在具有人类情感的机器人。当前的技术水平，还不足以使机器人理解人的情绪，做出像人一样的回应。

不过，我们不妨在机器人的外观、动作和情感表达上多花一些心思。机器人在进入人类社会前，不仅要考虑"人机关系"，更应该考虑"人际关系"。

仓库里的搬运机器人

在不久的将来，耗时费力的仓库搬运工作将有望由机器人代劳。目前，搬运机器人在一些仓库中已经得到应用。

亚马逊公司对机器人"委以重任"

在亚马逊公司的仓库中，每天都能看到机器人搬运着货架缓缓前行。当工人需要拿某个货架上的商品时，这个货架就会自动移动到工人的面前。如此一来，工人就不再需要每天在货架间穿行，从而大大提升了货物的组配效率。

机械手

搬运货架的机器人

图 / 亚马逊公司

分拣机器人和搬运机器人

不知道你有没有网上购物的经历，你知道从网上购买的物品是怎样出现在你的面前的吗？下面，我们就一起来了解一下吧！

首先是"分拣"。"分拣"是从货架上将商品挑选出来。机器人只需配有机械手，且具有识别不同物品的能力，就可以轻松分拣货物了。

其次是"出货"。"出货"是打包发货的意思。在这一环节中，分拣好的货物会从仓库中取出，装进箱子，并进入配送环节。

上述这些环节都属于货物搬运，是"物流"中必不可少的环节。货物搬运是十分辛苦的工作，所以特别适合由"不知疲倦"的机器人来完成。目前，在亚马逊公司的仓库中，机器人正在替代工人完成这些繁重的工作。

此外，亚马逊公司还举办了"亚马逊杯机器人分拣挑战赛"，以鼓励企业和大学进行相关的研究。

如今，一些机场也开始提供机器人搬运服务。相信不久的将来，不仅在机场和仓库，在商店、图书馆等公共场所，也能见到这些机器人的身影。

看，它能走了。

摇摇

晃晃

哎呀，撞到了。

真笨！

怎么和想象中的不太一样……

是啊！

帅气

说到人工智能，我还以为是这样的机器人呢。

你们不要着急。这是初始状态下的人工智能，相当于一张白纸，现在它才刚开始学习。

它开始发呆了。

摄像头捕获到的图像，都能通过显示器看到。它好像已经开始学习了。

这里是……房间？

啊，摔倒了。

经历了几次碰撞、摔倒，它正在尝试新的方法。

呀，这次没摔倒！它知道要跳过去了。

啊，踩到猫尾巴了！

哎呀，哪儿跑进来的野猫？

"猫"是什么?

猫就是长着长尾巴、大眼睛的动物呀。

寻寻
觅觅

大眼睛

长尾巴

咣当

！

猫！

咣当

不对不对！

我虽然有猫的特征……

哈哈哈，

光靠语言，是很难让机器人辨别不同的事物的。

长胡须，有肉垫。

毛茸茸，三角耳朵。

那这是什么？

无语

猫！

这是狮子啦！

等等，为什么人能分清猫和狮子呢？

人观察到的事物特征会自动进入潜意识，

在大脑深处存储，

当需要这些信息时再自动提取出来。

人脑区分不同事物的机制相当复杂。对于机器人来说，将这些信息一条条地写进程序，也是不可能的。

猫
狮子

那该怎么办？

人工智能可以实现机器学习。

是不是跟人很像？

一种叫作"深度学习"的学习方式引起了人类的关注。

例如，

人工智能可以让机器人自己到互联网上搜索大量"猫"的图片。

通过记忆学习这种动物的特征，

机器人就能在成千上万的照片中自动识别出猫的图像。

『深度学习』是机器学习的一种。『机器学习』就是机器通过分析大量数据，从中找到特征或关联，并根据得到的数据预测结果。

猫！ 猫！

都说了我不是猫……

猫！

啊，它学会了！

学得还挺快的嘛！

太棒了！

怎么样？人工智能的学习能力是不是很强？

漂亮

美味

帅气

除此以外，它还有感觉。

虽然现在的聊天机器人都是按照编好的程序进行对话的。但是，如果——

啊，对啦！

嗯？是吗？

博士，我现在就把小陆他们带到他们的朋友那里。

好的！拜托你啦！

请跟我来。

好，走吧！

真的能独当一面了……

大家请上车吧！

这个车怎么圆滚滚的？

这是自动驾驶汽车，不需要驾驶证哦。

探索笔记

自动驾驶汽车和路线追踪器的原理类似，靠传感器识别车道的白线来控制前进的方向。

自
信

你现在话说得挺溜的呀！

可罗纳，你不也是智能生物吗？

你跟人工智能比，谁更胜一筹啊？

啊？！

坏笑

我……我来指路吧！我有这个！

所以，还是我更优秀！

生气

导航？汽车可以连接互联网获取位置信息，所以不需要导航。

强

出发！

光

146

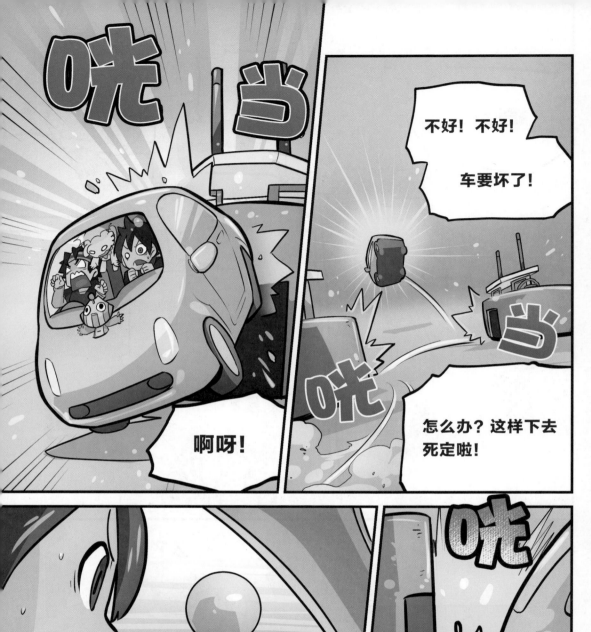
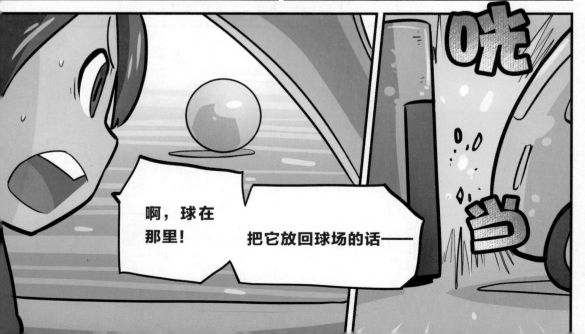

人工智能

人工智能是通过机械进行智能处理的各种技术的集合体，而机器人则是指用机械来替代人操作。二者有异曲同工之妙。

人工智能与人类的智能

如今，只要对智能手机提问，它就能给出相应的答案。要实现这个功能，手机应具备如下功能：识别人的话语（语音识别）、理解内容（自然语言处理）和信息检索。不仅如此，还要根据不同的语境，筛选出最合适的言语和图像作为回应。以上这些功能，都可以通过人工智能技术来完成。目前，人工智能已经应用于搜索引擎等领域。

在识别同音异义词时，人工智能会根据语境加以判断，选出最符合当下情境的含义。（在日语中，"桥"和"筷子"发音相同）

机械作业实现智能化

人工智能技术的目的是让机器模拟、延伸和扩展人类的智能，以实现机械作业智能化。

人类与其他动物的区别在于对知识的加工和整合。人类可以通过已有的知识，推演出新的知识。在看到某个事物时，人脑会对它进行识别、分类，找出它的特征并加以记忆。

机器人则不同，机器人若想实现某一功能，必须将整个流程从头到尾按步骤编写在程序中。因此，想让机器人像人一样"思考"，以目前的技术水平还无法实现。因为到目前为止，人脑识别周围事物的原理尚不明确。

不过，人类的这一宏愿也并非天方夜谭。如今，在围棋、象棋和知识问答等比赛中，人工智能屡屡获胜。如果能突破某些技术壁垒，人工智能超越人类的智慧将指日可待。

科学技术的发展日新月异，未来会发生什么，谁又能说得准呢？

人工智能使无人驾驶成为可能

无人驾驶是人工智能技术在汽车领域中的应用。应用了人工智能技术，汽车可以识别车道、道路标识、机动车以及非机动车，并自行预判下一步该做什么。

如今的汽车大多已经配备了刹车辅助系统。辅助系统接收到刹车信号，或识别到周围的车辆和行人时，会增加紧急制动的力度，从而缩小制动距离。在完全实现无人驾驶之前，诸如倒车雷达、刹车辅助等半自动驾驶技术或许更为实用。

人工智能技术不仅可以应用在独立的汽车上，还能帮助人类建立一个智能化的"汽车网络"。依靠单个车辆的传感装置很难预测交通事故，但如果多辆车同时搭载智能驾驶系统，并将信息集中起来，统一调度，就可以在事故多发区域或道路拥堵路段提前做出预警。

通过人工智能技术，或许有望解决城市交通拥堵的问题。

图/谷歌

行驶中的谷歌无人驾驶汽车

谷歌公司正在进行无人驾驶技术的探索。图中是无人驾驶汽车在美国加利福尼亚州的城市公路上进行行驶试验。

通信
从人工卫星获取数据
调节车距
识别车道标线并调节方向盘

智能驾驶

行驶时，无人驾驶车辆利用摄像头、雷达和激光测距机来判断交通状况，并将这些信息和道路上的其他机动车共享。

人工智能的胜利——大数据分析平台"沃森"

2011 年，IBM 公司研发的问题应答系统"沃森"参加了哥伦比亚广播公司的益智问答游戏节目——《危险边缘》，并在竞猜环节中取胜。游戏中，"沃森"不仅能对题意做出判断，还能分析海量信息，最终找到正确答案。

"沃森"的具象化形象

图/IBM 公司

"沃森"在《危险边缘》节目中取得了第一名的成绩。

探索家

人工智能比人类更聪明吗？

153

质量越大的物体，惯性越大。因此高速行驶时，质量大的汽车更难停下来。

常言道"大难不死，必有后福"……

喂，这是哪儿？

第 9 章

了不起的互联网

哇，

好高啊！

导航提示，这里就是目的地。

根据地图显示，这里的确就是目的地。

好像在峭壁上面……

什么？！

这么陡，这辆车肯定上不去吧？

可罗纳不是会飞吗？你飞上去看看呗。

啊？！

一跃而起

扑腾 扑腾 扑腾

咚

不行，太高了……

通信技术标准统一的话，不同制造商制造出来的机器就能互联。为此，制造商们会提前进行沟通。

怎么办？这样下去——

是不是就回不去了？

刚刚的机器人球赛，都是因为你没好好学习规则吧？你看，落得这么个下场！

太过分了吧？

又不是我的错！

还说呢！都怪银河你到处乱跑，我们才会来到这么个鬼地方！

你说什么？！

争吵不休

啊啊啊……你们快别吵啦！

怎么办？

怎么办？

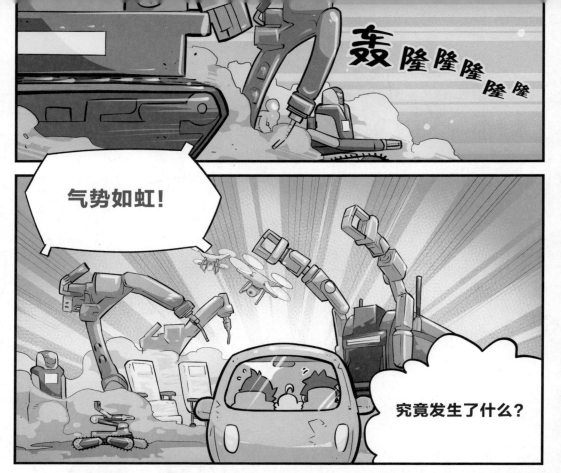

气势如虹!

究竟发生了什么?

我要背水一战!

咦?

无所不能的机器人网络,请将当前所有在线的设备全都集结起来,加入我们的战斗!

现在，我不是独自在战斗。有大家的帮助，我们一定能找到路的！

接下来，就看我的吧！

对啊，现在应该齐心协力才对。小陆……

就是！

我们和好吧！

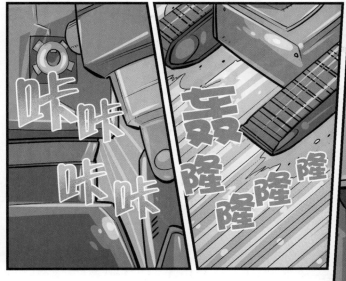

太好啦！

上来喽！

我们登上峭壁啦！

从容 攀爬

谢谢你！

谢谢你们！

撤退

没有，我只是在想，能够见到这么帅气的机器人，

简直像在做梦一样。

嗯？
小陆，你怎么不说话了？

未来的"机器人网络"

将具有不同功能的机器人用互联网连接起来，会有意想不到的惊喜。

相互学习，共同进步

人们通过交谈、收发邮件得知他人的感受和想法。此外，通过阅读文章和书籍，也可以得知不同人的想法。但上述这些沟通方式都比较耗时。如果将机器人通过互联网连接起来，它们在一瞬间就可以完成信息交互、分类和汇总。

机器人将各自学到的知识和经验在网络上与其他机器人共享，网络内的机器人在短时间内便能得到能力的提升。

家用机器人可以区分不同的对话模式并不断学习、完善自己的交际能力。

绘／东山昌代

实现网络互联后，所有设备都是"机器人"

目前，全球已经架设起高速通信网络，用智能手机也能方便快捷地查询乘车路线。在机器人身上实现这一功能，也十分简单。

通过网络互联，机器人之间可以实现信息的同步和共享。例如，用户在家和家用机器人进行了对话，而这台机器人和外部设备完成了信息共享。这样，当用户走出家门，遇到其他机器人时，也能继续刚刚的对话。在保障安全性和隐私性的前提下，这一功能在未来很有可能得以实现。

同时，和外部设备互联之后，机器人的功能也实现了共享。例如，当用户的机器人和大厦的安保系统互联之后，用户就可以知道要拜访的客户目前所处的位置，并通过设备自动导航至目标所在的楼层，连电梯按钮也不必费力去按了。

如此一来，多个设备之间相互通信，使设备变得更加智能，从而为人类提供更加便捷、优质的服务。

"机器人网络"对人类社会的影响

　　"机器人网络"会对人类社会产生哪些影响呢？有朝一日，或许人类不必再逐一操控设备，机器人会按照设定好的程序，相互协作，使我们的生活变得更加便捷。

　　但是，未来能否按照我们的预期发展，仍然未知。所以，还是让我们先插上想象的翅膀，在科技的世界里尽情遨游吧！

马桶可以诊断健康状况

说不定未来的马桶能帮我们测量体重、检验粪便等。

任何人都有机会听名师授课

借助"空中课堂"，足不出户也能听名师讲课。

没有驾驶证也能畅行无阻

自动驾驶技术的发展，为孩子和老人的出行提供了便利。

危机与机遇并存

随着科技的进步，烦琐的手工作业会被更加高效的机器取代，很多人面临失业，但是，一些新的机会也会随之产生。

与千里之外的亲人对话

通过远程操控机器人，与家乡的亲人交谈，遥寄相思。

探索家

实现机器人互联后，人类社会将发生巨大改变！

喂！小陆，银河！

可罗纳！

苍太郎，琪拉拉！

太好了！终于找到你们了！

讨厌，担心死我了！

这是什么机器人啊？我怎么从来没见过？

这是我们和设计师叔叔一起做的！厉害吧？

你们做的？

苍太郎，你知道吗？想要做机器人，先要了解我们人类自己。

你这是现学现卖。

才不是！

就是！

丁零零零零！

啊？

是晨子老师打来的！

咦？

这里竟然有信号？

喂，虽然有点不情愿，不过我还是回来啦。

明天开始上班。

你们找到机器人的"脸"了吗？

看！

是我找到的哦！

不仅如此，我们在机器人公园里还见到了各种各样的机器人！

还交到了新朋友！

嗨，我是小陆设计的机器人！

小陆设计的机器人？

所以，这个"朋友"是你自己制作的吗？

哈哈哈哈！

不是的！

哈哈哈哈哈

我只是给设计师叔叔打了个下手！

这样啊……那也是宝贵的经验啊！怎么样，这下你们应该学到不少有关机器人的知识了吧？

嗯！

不过，我还学到了更重要的事。

行走，

交谈，

协作，

我们在将这些教给机器人的同时，对我们人体的构造也有了进一步的了解。

我觉得跟机器人比起来，还是我们人类自己更深奥！

太棒了！

居然有这么深刻的认识，老师真替你们高兴！

多亏把机器人的"脸"弄丢了，你们才能有这样的机会。

看来，我以后一定要好好利用那个类人机器人！

又来了……

那我们也赶紧回去了。

老师再见！

哔

我也要回研究所了。

你要走了吗？可是，我不想跟你分开！

声泪

俱下

机器人设计师的工作

有科学家认为，人类未来将会与机器人一同生活。为了顺应社会发展的这一趋势，科学家们在相关领域展开了很多研究。我们来听一听一位机器人设计师的想法吧！

高桥智隆 ——人类的"感受"永远是第一位的

迄今为止，我开发了几款聊天机器人，其中有"罗比"和"罗伯宏"。我认为，如果机器人只是接受指令，或收集人类的意见，那么没有手脚也未尝不可。但如果机器人需要和人类交流，那么它们的形体还是越接近人类越好。

为什么呢？从我个人的经验来看，如果人类没有意识到眼前的这个物体是有生命的，也就不会产生与它沟通的欲望。在某些方面，人类是十分感性的。机器人的动作稍微奇怪一些，外表稍微有些差异，体型稍微大一点，或者看着没有那么亲切可爱，都会影响人类与机器人沟通。但如果是经过精心设计的产品，即使被告知它是人造的，人类也会对它倾注感情。

所以，如何才能将机器人做得栩栩如生，怎样设计它的动作才能让它看起来更像人、更可爱，这些都要从人类的感受和需求出发。只有这样，才能做出更容易被人类接受，更适合与人类一起生活的机器人。为了实现这一目标，人类需要从人体工程学、娱乐以及艺术等角度逐一突破。

此外，关于对人脑和人工智能的研究也在不断推进中。通过研究人脑的构造，使机器人也能像人和其他动物一样具有思考和判断的能力，进一步使人机交互变得更加顺畅。

从事机器人研发，不仅需要具备丰富的知识和经验，还要有敏锐的观察力。因此，想要研制出了不起的机器人，请从现在开始，多多留心身边的人吧！

高桥智隆

毕业于日本京都大学工程物理系。创办了致力于研发各类机器人的公司，代表作有"罗比"、手机机器人"罗伯宏"等。2013 年，他设计的太空机器人"Kirobo"被送往国际空间站，并作为第一个进入太空的机器人，载入"吉尼斯世界纪录"。

图/ROBO GARAGE

机器人索引

以下是本书中出现的机器人及其原型导览，具体设计、机能或与实物有些许出入，仅供参考。

图字 11-2019-48 号

图书在版编目（CIP）数据

机器人总动员 /（日）高桥智隆主编 ;（日）森山和道编 ;（日）坂元辉弥绘 ;
林渊译 . — 杭州 : 浙江少年儿童出版社，2019.12
（科学惊奇大探险）
ISBN 978-7-5597-1660-6

Ⅰ . ①机… Ⅱ . ①高… ②森… ③坂… ④林… Ⅲ .
①机器人 – 少儿读物 Ⅳ . ① TP242-49

中国版本图书馆 CIP 数据核字（2019）第 213263 号

作品名 3：ロボットパークは大さわぎ！
坂元辉弥・漫画　森山和道・原案　高橋智隆・監修

Robot park ha oosawagi！
© Gakken
First published in Japan 2016 by Gakken Plus Co., Ltd., Tokyo
Simplified Chinese translation rights arranged with Gakken Plus Co., Ltd.
through Future View Technology Ltd.

科学惊奇大探险　**机器人总动员**　JIQIREN ZONGDONGYUAN

[日] 高桥智隆 / 主编　　[日] 森山和道 / 编　　[日] 坂元辉弥 / 绘　林渊 / 译

图书策划	三环童书	责任校对	沈　鹏
项目统筹	胡献忠	封面设计	袋　鼠
编辑统筹	饶虹飞	排版制作	黄　慧
责任编辑	王亚会	责任印刷	孙　诚
特约编辑	邓倩倩		

出版发行	浙江少年儿童出版社（浙江省杭州市天目山路 40 号）		
印　　刷	广州市一丰印刷有限公司		
开　　本	787mm×1092mm 1/16	版　　次	2019 年 12 月第 1 版
印　　张	11	印　　次	2019 年 12 月第 1 次印刷
字　　数	220000	标准书号	ISBN 978-7-5597-1660-6
印　　数	1-20000	定　　价	30.00 元

（如有印装质量问题，影响阅读，请与印刷厂联系调换，联系电话 020-82689451）